초경량무인비행장치
비행관리기록부

<table>
<tr><td colspan="2">모델명 :</td><td colspan="2">신고번호 :</td></tr>
<tr><td>자체중량 :</td><td colspan="2">최대이륙중량 :</td><td>안전성인증검사일:</td></tr>
</table>

목 차

신고 및 안전성인증, 변경, 이전, 말소

1. 신 고

무인비행장치는 초경량비행장치의 분류에 포함되어 있어, 초경량비행장치의 관리 절차를 따라야 한다. 초경량비행장치를 소유한 자는 초경량비행장치의 종류, 용도, 소유자의 성명 등을 신고하게 되어 있으며 또한 이전 말소 등 변경 사항도 신고하게 되어 있다.

(1) 신 고

① 신고 준비서류

- 초경량비행장치 신고서
- 초경량비행장치를 소유하거나 사용할 수 있는 권리가 있음을 증명하는 서류
- 초경량비행장치의 제원 및 성능표
- 초경량비행장치의 사진(가로 15cm×세로 10cm의 측면사진)
- 보험가입을 증명할 수 있는 서류
- 처리기간 : 7일
- 수수료 : 없음

② 신고절차 간단요약 : 장치 신고 및 사업 등록을 위한 '지방항공청 관할구역 및 연락처'

※ 12kg 이하이면서 비사업용인 경우는 관할 지방항공청에 신고를 안해도 된다.

- 12kg 이하 또는 이상 사업용인 경우에, 관할지역 항공청 홈페이지에 들어가서 '초경량비행장치 신고서'를 작성한다.
- 보험가입 후 보험가입증명서류를 준비한다.
- 기타 첨부서류(비행장치 소유증명서류, 드론의 제원 및 성능표, 드론사진 등)를 지참하여 관할지방항공청에 신고를 한다.

• 2018년 10월 1일(월)부터 정부24 홈페이지에서 검색창에 [초경량비행장치 신고] 또는 [초경량비행장치 장치신고] 검색 후 초경량비행장치 장치신고서 작성(장치신고 관련 문의전화 : 1599-0001, 담당기관 : 국토교통부 항공정책실 항공안전정책관 항공기술과)

※ 원스탑 민원시스템 장치신고는 2018년 10월18일 (목) 17:00 이후부터 폐쇄

③ 장치 신고 및 사업 등록을 위한 '지방항공청 관할구역 및 연락처'

㉠ 서울지방항공청

- 관할구역 : 서울시, 경기도, 인천시, 강원도, 대전시, 충청남도, 충청북도, 세종시, 전라북도
- 항공안전과 연락처 : 032-740-2148

㉡ 부산지방항공청

- 관할구역 : 부산시, 대구시, 울산시, 광주시, 경상남도, 경상북도, 전라남도
- 항공안전과 연락처 : 051-974-2145

㉢ 제주지방항공청

- 관할구역 : 제주특별자치도
- 안전운항과 : 064-797-1741,3

(2) 초경량비행장치 신고(항공안전법 제122조, 항공안전법 시행규칙 제301조)

① 초경량비행장치소유자등은 초경량비행장치의 종류, 용도, 소유자의 성명, 개인정보 및 개인위치정보의 수집 가능 여부 등을 국토교통부령으로 정하는 바에 따라 국토교통부장관에게 신고하여야 한다. 다만, 대통령령으로 정하는 초경량비행장치는 그러하지 아니하다.

㉠ 지방항공청장에게 제출하여야 하는 서류

- 초경량비행장치를 소유하거나 사용할 수 있는 권리가 있음을 증명하는 서류
- 초경량비행장치의 제원 및 성능표
- 초경량비행장치의 사진(가로 15cm, 세로 10cm의 측면사진)

㉡ 지방항공청장은 초경량비행장치의 신고를 받으면 초경량비행장치 신고증명서를 초경량비행장치소유자등에게 발급하여야 하며, 초경량비행장치소유자등은 비행 시 이를 휴대하여야 한다.

㉢ 지방항공청장은 ㉡에 따라 초경량비행장치 신고증명서를 발급하였을 때에는 초경량비행장치 신고대장을 작성하여 갖추어 두어야 한다. 이 경우 초경량비행장치 신고대장은 전자적 처리가 불가능한 특별한 사유가 없으면 전자적 처리가 가능한 방법으로 작성·관리하여야 한다.

㉣ 초경량비행장치소유자등은 초경량비행장치 신고증명서의 신고번호를 해당 장치에 표시하여야 하며, 표시방법, 표시장소 및 크기 등 필요한 사항은 지방항공청장이 정한다.

㉤ 지방항공청장은 신고를 받은 날부터 7일 이내에 수리 여부 또는 수리 지연 사유를 통지하여야 한다. 이 경우 7일 이내에 수리 여부 또는 수리 지연 사유를 통지하지 아니하면 7일이 끝난 날의 다음 날에 신고가 수리된 것으로 본다.

② 국토교통부장관은 초경량비행장치의 신고를 받은 경우 그 초경량비행장치소유자등에게 신고번호를 발급하여야 한다.

③ ②에 따라 신고번호를 발급받은 초경량비행장치소유자등은 그 신고번호를 해당 초경량비행장치에 표시하여야 한다.

④ 초경량비행장치 신고번호 부여방법

구 분			신고번호
초경량비행장치	동력비행장치	체중이동형	S1001Y – 1999Z
		타면조종형	S2001Y – 2999Z
	회전익비행장치	초경량자이로플레인	S3001Y – 3999Z
	동력패러글라이더		S4001Y – 4999Z
	기구류		S5001Y – 5999Z
	회전익비행장치	초경량헬리콥터	S6001Y – 6999Z
	무인비행장치	무인동력비행장치	S7001Y – 7999Z
		무인비행선	S8001Y – 8999Z
	패러글라이더, 낙하산, 행글라이더		S9001Y – 9999Z

⑤ 초경량비행장치 신고번호 부착기준

구 분		규 격	비 고
가로세로비		2 : 3의 비율	아라비아숫자 1은 제외
세로 길이	주날개에 표시하는 경우	20cm 이상	
	동체 또는 수직꼬리날개에 표시하는 경우	15cm 이상	회전익비행장치의 동체 아랫면에 표시하는 경우에는 20cm 이상
선의 굵기		세로길이의 1/6	
간 격		가로길이의 1/4 이상 1/2 이하	

※ 장치의 형태 및 크기로 인해 신고번호 크기를 규격대로 표시할 수 없을 경우 가장 크게 부착할 수 있는 부위에 최대크기로 표시할 수 있다.

⑥ 신고업무 절차 흐름도

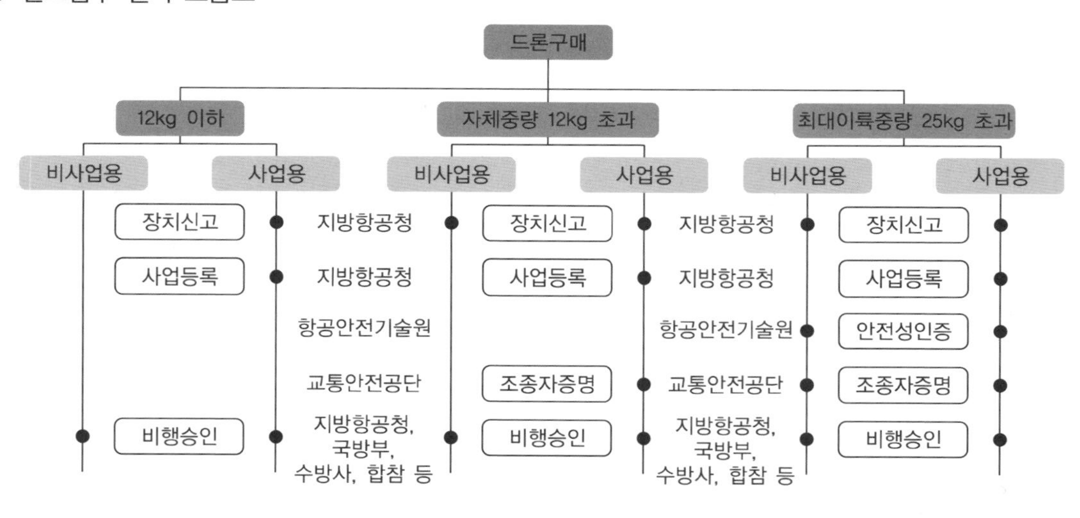

(3) 민원24 홈페이지 초경량비행장치 장치신고 사용방법

정부24 | 정부서비스

통합검색

전체검색	중앙서비스	지방서비스	민원서비스	기관정보	정책뉴스	연구보고서	간행물	지자체소식	더보기
31	0	0	2	0	28	0	0	1	+

초경량비행장치 장치신고 | 결과 내 재검색

자주찾는 검색어 ▸ #취업 #공모 #여행 #국민참여 #일자리

총 31건의 검색결과가 있습니다.

중앙민원 2건

초경량비행장치 신고

초경량비행장치의 소유자가 신고하기 위해 신청하는 민원사무입니다. 신청

국토교통부 · 지방항공청 · 인증서 불필요

민원24 접속 후 회원가입 및 공인인증서 확인 후 로그인

민원24 검색창에 [초경량비행장치 신고] 또는 [초경량비행장치 장치신고] 검색

민원안내 및 신청

초경량비행장치(신규, 변경·이전, 말소) 신고

신청방법	인터넷, 방문, FAX, 우편	처리기간	총 7일
수수료	수수료 없음	신청서	초경량비행장치(신규, 변경・이전, 말소)신고서 (**항공안전법 시행규칙 : 별지서식 116호의**) ※ 신청서식은 법령의 마지막 조항 밑에 있습니다. 신청작성예시
구비서류	있음 (하단참조)	신청자격	누구나 신청 가능

신청하기 신청하기 클릭

기본정보

- 이 민원은 초경량비행장치의 소유자가 신고하기 위해 신청하는 민원사무입니다.

○ 접수 및 처리기관 (방문시)

신청하기 클릭

초경량비행장치(신규, 변경· 이전, 말소) 신고

민원접수기관 *			검색
신청인	성명 *		김○○ 신청인
	주민등록번호 *		- ●●●●●●
	주소 *	기본주소	주소검색
		상세주소	예) 월드컵아파트 2002동 4호
	전화번호 *		- -
신청서 작성	온라인민원 신청서 작성 ※온라인민원 신청서 작성버튼을 클릭후 추가신청내용을 입력해주세요		

비행장치를 소유하고 있음을 증명하는 서류

제출방법 * ◉파일첨부 ○우편 ○팩스 ○방문 ○해당사항 없음

파일첨부 *

doc, hwp, pdf, ppt, xls, jpg, dwf, dwg, gul 파일 형식만 업로드 하실 수 있으며, 업로드 제한 용량은 2MB 입니다.

☐	파일 이름	파일 크기
	이곳을 더블클릭 또는 파일을 드래그 하세요.	

최대 5 개 10 MB 제한 　 0 개, 0 byte 추가됨

파일추가 항목제거 전체 항목제거

비행장치 제원 및 성능표

제출방법 * ◉파일첨부 ○우편 ○팩스 ○방문 ○해당사항 없음

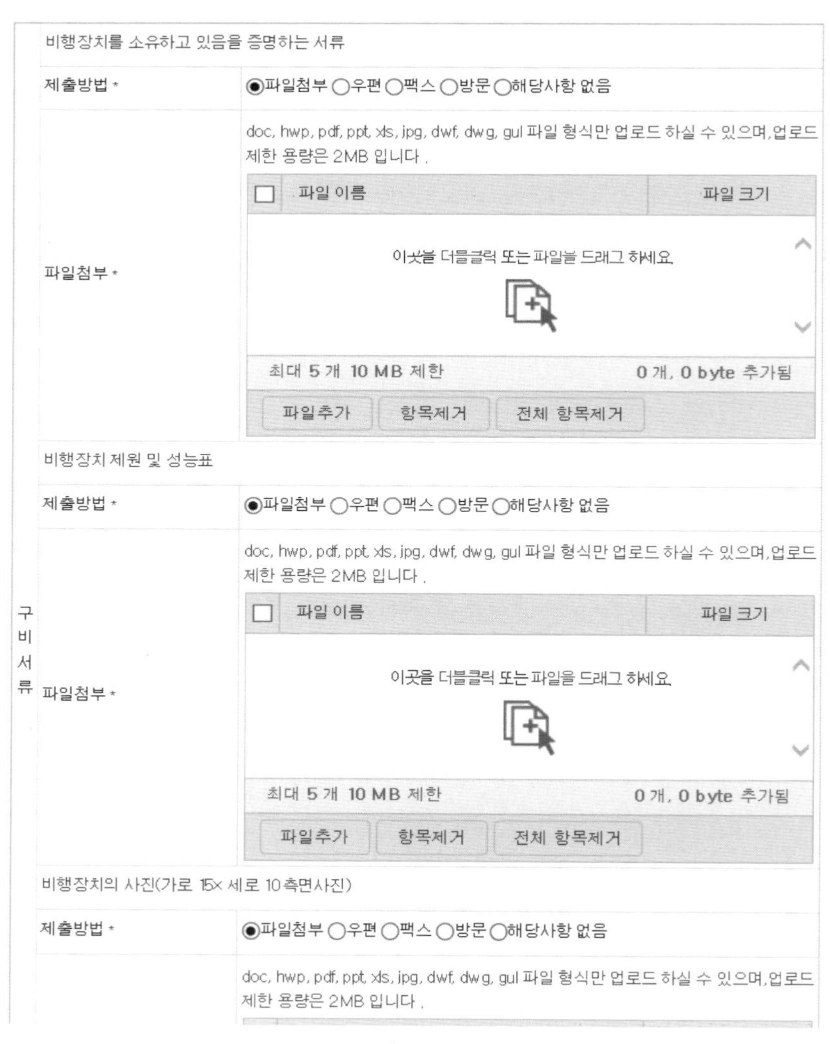

민원접수기관 검색 클릭 후 관할지방항공청 선택 및 각 해당 파일을 첨부, 제출방법 선택 후 민원 신청 접수

(4) 항공기 운항스케줄 원스탑 민원처리시스템 사용방법

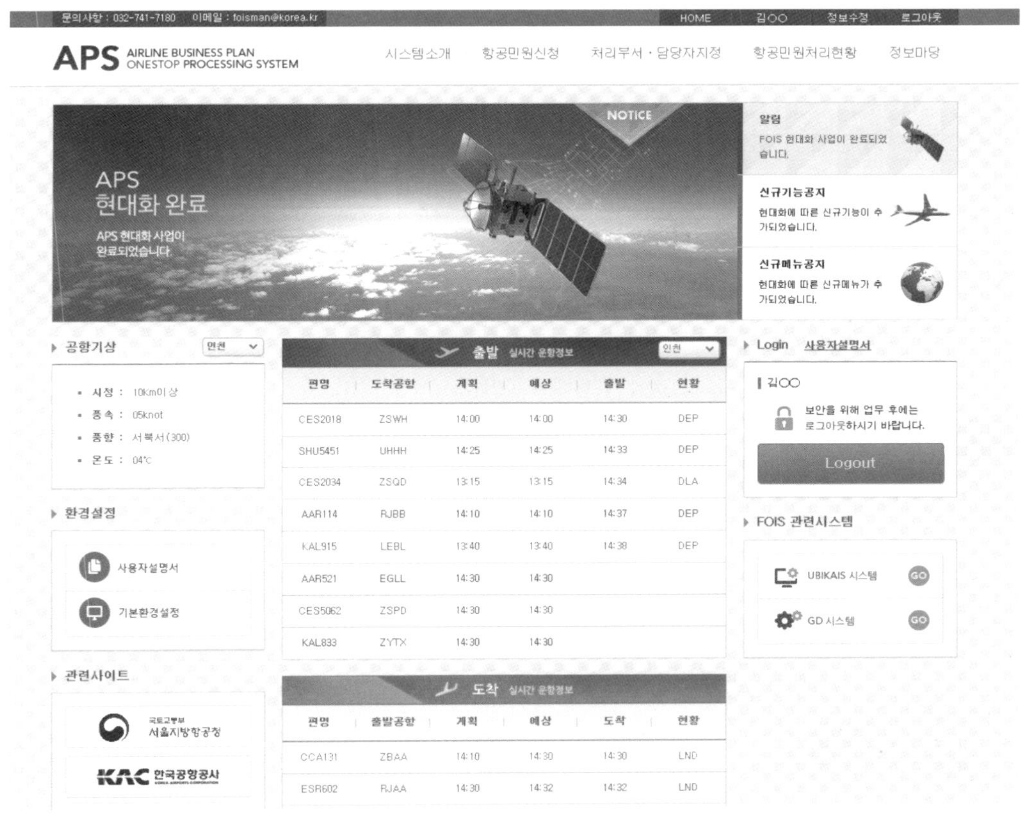

사이트주소 http://www.onestop.go.kr:8050

원스탑 접속후 회원가입 → 로그인

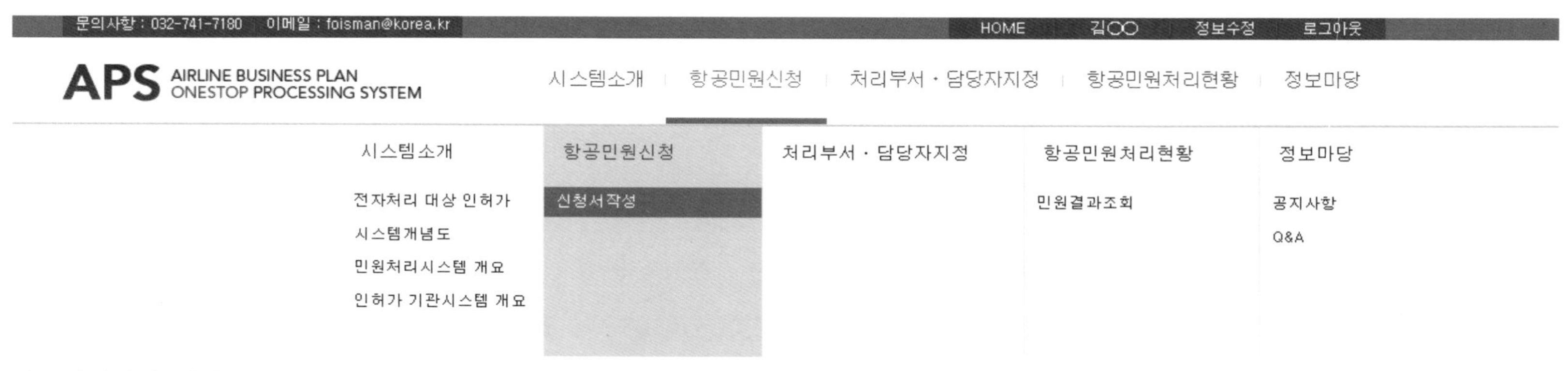

항공민원신청 선택 후 신청서작성 클릭

① 사업등록신청서

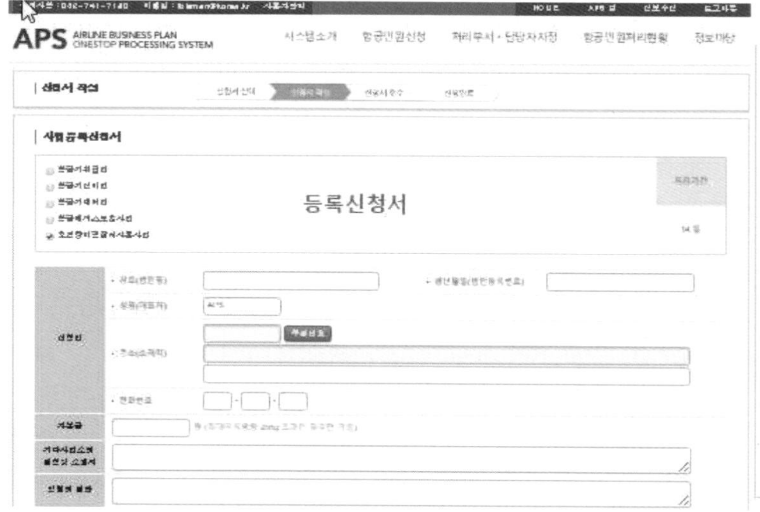

㉠ 기능설명

- [우편번호] 버튼 : 우편번호를 조회
- [파일업로드] 버튼 : 신청서에 파일을 첨부

㉡ 항목설명

- 처리기한 : 업무담당자가 민원을 접수한 후의 처리기간
- 신청인-성명(법인명) : 민원을 신청한 법인명
- 신청인-생년월일 : 민원을 신청한 생년월일
- 신청인-성명(대표자) : 민원을 신청한 대표자명
- 신청인-주소(소재지) : 신청인 주소
- 신청인-E-mail : 신청인 이메일
- 자본금 : 자본금
- 기타사업소의 명칭의 소재지 : 기타사업소의 명칭의 소재지
- 임원의 명단 : 임원의 명단
- 파일첨부 : 신청서 양식 이외의 내용을 입력하거나 긴 글을 입력할 경우 파일로 작성하여 첨부

② 초경량비행장치 비행승인신청서(드론)

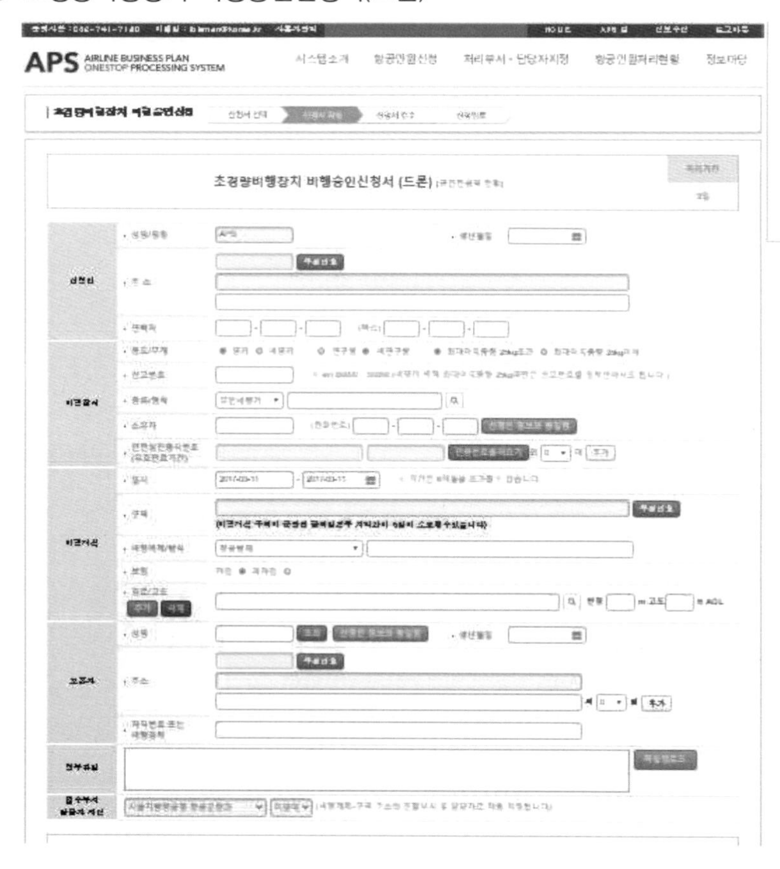

APS AIRLINE BUSINESS PLAN ONESTOP PROCESSING SYSTEM

시스템소개 항공안전신청 처리부서·담당자지정 항공안전처리현황 정보마당

초경량비행장치 비행승인신청서 (드론)

㉠ 기능설명

• [우편번호] 버튼 : 우편번호를 조회
• [신청인 정보와 동일함] 버튼 : 신청인 정보와 동일하게 입력
• [반영] 버튼 : 신고번호를 반영
• [비행장치 추가] 버튼 : 비행장치를 추가

※ 비행장치가 다수일 경우 [추가] 버튼을 클릭해서 아래의 생성된 화면에서 추가 입력 가능합니다.

• [조종사 추가] 버튼 : 조종사를 추가

조종사 등록 취소

• 성명 (1)	조회	• 생년월일	
• 주소	우편번호		
• 자격증번호			

• 성명 (2)	조회	• 생년월일	
• 주소	우편번호		
• 자격증번호			

• [파일업로드] 버튼 : 파일을 업로드

ⓛ 항목설명

• 처리기한 : 업무담당자가 민원을 접수한 후의 처리기간

• 신청인-성명/명칭 : 신청인 성명

• 신청인-생년월일 : 신청인 생년월일

• 신청인-주소 : 신청인 주소

• 신청인-연락처 : 신청인 연락처

• 비행장치-종류/형식 : 비행장치 종류/형식

• 비행장치-용도 : 비행장치 용도

• 비행장치-소유자 : 비행장치 소유자

- 비행장치-신고번호 : 비행장치 신고번호
- 비행장치-안전성인증서번호 : 비행장치 안전성인증서번호
- 비행계획-일시 : 비행계획 일시(기간은 30일을 초과할수 없습니다)
- 비행계획-구역 : 비행계획 구역
- 비행계획-비행목적/방식 : 비행계획 비행목적/방식
- 비행계획-보험 : 비행계획 보험 가입 여부
- 비행계획-경로/고도 : 비행계획 경로/고도
- 조종사-성명 : 조종사 성명
- 조종사-생년월일 : 조종사 생년월일
- 조종사-주소 : 조종사 주소
- 조종사-자격번호 또는 비행경력 : 조종사 자격번호 또는 비행경력
- 파일첨부 : 신청서 양식 이외의 내용을 입력하거나 긴 글을 입력할 경우 파일로 작성하여 첨부

③ 항공사진 촬영신청서

문의사항 : 032-741-7180 이메일 : foisman@korea.kr 사용자관리 HOME 김OO 정보수정 로그아웃

APS AIRLINE BUSINESS PLAN ONESTOP PROCESSING SYSTEM

시스템소개 | 항공민원신청 | 처리부서 · 담당자지정 | 항공민원처리현황 | 정보마당

| 항공사진 촬영 허가신청서

신청서 선택 > 신청서 작성 > 신청서 접수 > 신청완료

불러오기

항공사진 촬영허가신청서 [항공촬영 승인업무 책임부대 연락처]

처리기간 7일

구분	항목	입력	항목	입력
신청인	· 성명/명칭	김OO	· 구분	◉ 개인 ○ 촬영업체 ○ 관공서
	· 연락처	- -		
비행장치	· 사진의 용도(상세)		· 촬영구분	☑ 청사진 ☐ 시각 ☐ 동영상
	· 촬영장비 명칭및종류		· 규격/수량	/
	· 항공기종		· 항공기명	
촬영계획	· 일시	-	※ 기간은 30일을 초과할수 없습니다.	
	· 촬영지역			
	· 목표물			
	· 촬영고도		· 좌표(드론제외)	
	· 항로(드론제외)		· 순항고도/항속	/
조종사	· 성명/생년월일		· 소속/직책	/
	· 비고사항	외 0 명 추가		
동승자	· 성명/생년월일		· 소속/직책	/
	· 비고사항	외 0 명 추가		
첨부파일	(초경량비행장치 사용사업등록증등.. 군 항공사진 촬영허가 신청에 필요한 파일만 첨부)	파일업로드		
처리기관	군 항공촬영관련 / 국방부	(군 관할구역 항공사진 촬영신청시 국방부로 접수처리됩니다)		

2017 년 06 월 07 일 신고인 : 김OO (서명 또는 인)

군 부대장 귀하

(저장후 다음화면에서 접수까지 하셔야 담당부서에 신청서가 접수됩니다)

저장

※ 조종사가 다수일 경우 [추가] 버튼을 클릭해서 아래의 생성된 화면에서 추가 입력 가능합니다.

※ 동승자가 다수일 경우 [추가] 버튼을 클릭해서 아래의 생성된 화면에서 추가 입력 가능합니다.

㉠ 기능설명

- [신청인 정보와 동일함] 버튼 : 신청인 정보와 동일하게 입력
- [조종사 추가] 버튼 : 조종사를 추가

조종사 등록 취소

· 성명 (1)	조회	· 생년월일	
· 주소	우편번호		
· 자격증번호			
· 성명 (2)	조회	· 생년월일	
· 주소	우편번호		
· 자격증번호			
· 성명 (3)	조회	· 생년월일	
· 주소	우편번호		
· 자격증번호			

• [동승자 추가] 버튼 : 동승자를 추가

동승자

등록 취소

• 성명 (1)	조회	• 생년월일	
• 주소	우편번호		
• 성명 (2)	조회	• 생년월일	
• 주소	우편번호		

㉡ 항목설명

• 처리기한 : 업무담당자가 민원을 접수한 후의 처리기간
• 신청인-성명/명칭 : 신청인 성명
• 신청인-구분 : 신청인 구분
• 신청인-연락처 : 신청인 연락처
• 비행장치-사진의 용도(상세) : 비행장치 사진의 용도
• 비행장치-촬영구분 : 비행장치 촬영구분
• 비행장치-촬영장비 명칭및종류 : 비행장치 촬영장비 명칭 및 종류
• 비행장치-규격/수량 : 비행장치 규격/수량
• 비행장치-항공기종 : 비행장치 항공기종
• 비행계획-항공기명 : 비행계획 항공기명
• 촬영계획-일시 : 촬영계획 일시
• 촬영계획-촬영지역 : 촬영계획 촬영지역
• 촬영계획-목표물 : 촬영계획 목표물

- 촬영계획-촬영고도 : 촬영계획 촬영고도
- 촬영계획-좌표(드론 제외) : 촬영계획 좌표
- 촬영계획-항로(드론 제외) : 촬영계획 항로
- 촬영계획-순항고도/항속 : 촬영계획 순항고도/항속
- 조종사-성명/생년월일 : 조종사 성명/생년월일
- 조종사-소속/직책 : 조종사 소속/직책
- 조종사-비고사항 : 조종사 비고사항
- 동승자-성명/생년월일 : 동승자 성명/생년월일
- 동승자-소속/직책 : 동승자 소속/직책
- 동승자-비고사항 : 동승자 비고사항
- 파일첨부 : 신청서 양식 이외의 내용을 입력하거나 긴 글을 입력할 경우 파일로 작성하여 첨부

④ 민원결과조회(목록)

민원결과조회목록을 조회한다.

㉠ 기능설명

- [Search] 버튼 : 검색조건에 맞는 목록을 조회한다.
- [리스트목록] 링크 : 해당문서를 상세조회한다.

㉡ 검색조건

- 날짜 : 날짜를 지정한다.
- 접수 : 접수를 선택한다.
- 항공사 : 항공사를 입력한다.
- 상태 : 상태를 선택한다.

▮ 초경량비행장치 신고서 양식

민원서류	
접수번호	-
접수일시	
처리기한	
처리과 기록물 등록번호	

문서번호 : 부산지방항공청 항공안전과-3367

접수번호		초경량비행장치 신고서		처리기간
※		[V]신규 [ ]변경·이전 [ ]말소		7일
비행장치	종류	무인멀티콥터	신고번호	
	형식		용도	[V]영리 [ ]비영리
	제작자		제작번호	
	보관처		제작연월일	2017-06-16
	자체중량		최대이륙중량	
	카메라 등 탑재여부			
소유자	성명·명칭			
	주소			
	생년월일		전화번호	
변경·이전 사항		변경·이전 전		변경·이전 후
말소 사유				

「항공안전법」 제122조제1항제123조제1항제2항 및 같은 법 시행규칙 [[V]제304조 제1항 / [ ]제305조 제2항 / [ ]제306조 제1항] 에 따라

초경량비행장치의 [[V]신규 / [ ]변경·이전] 을(를) 신고합니다.

2017년 09월 일

신고인 (서명 또는 인)

지방항공청장 귀하

첨부서류	1.초경량비행장치를 소유하거나 사용할 수 있는 권리가 있음을 증명하는 서류 2.초경량비행장치의 제원 및 성능표 3.초경량비행장치의 사진(가로 15cm X 세로 10cm의 측면사진) - 이전·변경 시에는 각 호의 서류 중 해당 서류만 제출하며, 말소 시에는 제외합니다.	수수료 없음

유의사항

1.무인비행장치를 「항공사업법」 제70조 제4항에 따른 영리목적으로 사용하지 아니하는 경우 위1,2호 서류는 제출하지 않아도 되며, 신청서 •표시 항목도 기입하지 않아도 됩니다.
2.신청서 ••표시 항목에는 「개인정보 보호법」에 따른 개인정보 및 「항위치정보의 보호 및 이용 등에 관한 법류」에 따른 개인 위치정보 수집 가능(카메라 등 탑재) 여부를 기입합니다.

처리절차

신청서 작성 (신청인) → 접수 (처리기관 (지방항공청)) → 검토 (처리기관 (지방항공청)) → 접수처리 (처리기관 (지방항공청)) → 통보

2. 안전성인증

동력비행장치 등 국토교통부령으로 정하는 초경량비행장치를 사용하여 비행하려는 사람은 국토교통부령으로 정하는 기관 또는 단체로부터 그 초경량비행장치가 국토교통부장관이 정하여 고시하는 비행안전을 위한 기술상의 기준에 적합하다는 안전성인증을 받아야 한다.

(1) 검사구분

안전성인증검사는 신청 유형에 따라 다음의 검사로 구분된다.

① 초도검사 : 국내에서 설계・제작하거나 외국에서 국내로 도입한 초경량비행장치를 사용하여 비행하기 위하여 최초로 안전성인증을 받기 위하여 실시하는 검사

② 정기검사 : 안전성인증의 유효기간 만료일이 도래되어 새로운 안전성인증을 받기 위하여 실시하는 검사

③ 수시검사 : 초경량비행장치의 비행안전에 영향을 미치는 대수리 또는 대개조 후 초경량비행장치 기술기준에 적합한지를 확인하기 위하여 실시하는 검사

④ 재검사 : 초도검사, 정기검사 또는 수시검사에서 기술기준에 부적합한 사항에 대하여 정비한 후 다시 실시하는 검사

(2) 안전성인증검사의 대상

① 동력비행장치(탑승자, 연료 및 비상용 장비의 중량을 제외한 자체중량 115kg 이하, 1인승)

② 행글라이더, 패러글라이더 및 낙하산류(항공레저스포츠사업에 사용되는 것만 해당, 행글라이더와 패러글라이더는 탑승자 및 비상용 장비의 중량을 제외한 자체중량 70kg 이하)

③ 기구류(사람이 탑승하는 것만 해당)

④ 다음에 해당하는 무인비행장치

㉠ 무인비행기, 무인헬리콥터 또는 무인멀티콥터 중에서 최대이륙중량이 25kg을 초과하는 것(연료제외 자체중량 150kg 이하)

㉡ 무인비행선 중에서 연료의 중량을 제외한 자체중량이 12kg을 초과하거나 길이가 7m를 초과하는 것(연료 제외 자체중량 180kg 이하, 길이 20m 이하)

⑤ 회전익비행장치(탑승자, 연료 및 비상용 장비의 중량을 제외한 자체중량 115kg 이하, 1인승)

⑥ 동력패러글라이더(착륙장치가 있는 경우 탑승자, 연료 및 비상용 장비의 중량을 제외한 자체중량 115kg 이하, 1인승)

⑦ 검사 수수료(출장비 : 기술원 여비규정에 의거 산출비용 별도 부담)

㉠ 초도검사 : 220,000원

㉡ 정기검사 : 165,000원

㉢ 수시검사 : 99,000원

㉣ 재검사 : 99,000원

㉤ 인증서 재발급 : 22,000원

▮ 신청서 작성 시 필요서류

구비서류	초도검사	정기검사	수시검사	재검사	재발급
1. 초경량비행장치 안전성인증검사 신청서	○	○	○	○	
2. 비행장치 설계서 또는 설계도면 각 1부	○		○(해당 시)		
3. 비행장치 부품표 1부	○		○(해당 시)		
4. 비행 및 주요 정비현황	○(해당 시)	○			
5. 성능검사표	○	○	○	○	
6. 비행장치 안전기준에 따른 기술상의 기준이행완료	○		○(해당 시)		
7. 작업지시서	○		○(해당 시)	○	
8. 안전성인증서 재발급 신청서					○
9. 보험가입 여부를 확인할 수 있는 서류 1부(사업용)	○	○	○	○	○

(3) 검사준비(신청자 준비내용)

① 장소 및 장비 : 비행장치 안전성인증검사를 받고자 하는 자는 검사에 필요한 장소 및 장비 등을 제공(단, 검사소 입고 시는 제외)

② 해당 비행장치의 자료

- 비행장치의 제원 및 성능 자료
- 제작회사의 기술도서 및 운용설명서
- 비행장치의 설계서 및 설계도면, 부품표 자료
- 외국정부 또는 국제적으로 공인된 기술기준인정 증명서(해당 시)

③ 기존에는 교통안전공단에서 진행했지만 항공안전기술원으로 업무가 이괄이 되어 항공안전기술원 홈페이지에서 손쉽게 가능하다(http://www.safeflying.kr).

회원가입 후 로그인 → 인증검사신청 → 초경량비행장치 검사신청

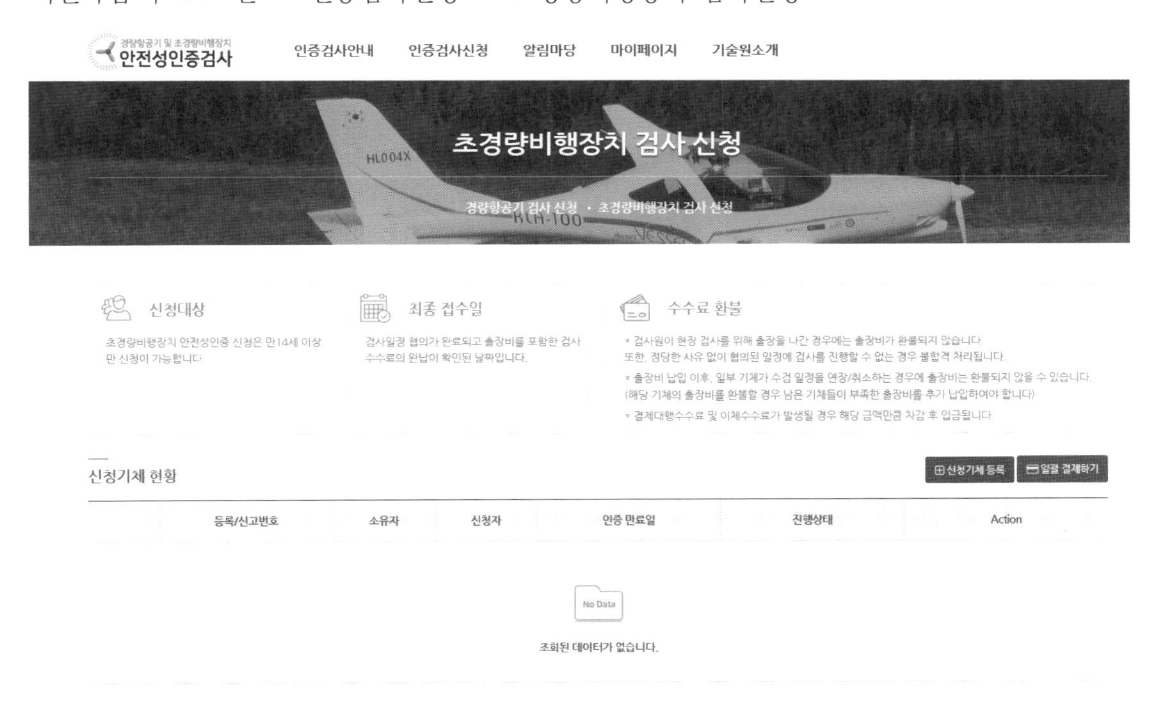

우측 하단에 신청기체 등록 후 안내대로 진행

(4) 초경량비행장치 안전성인증(항공안전법 제124조)

① 시험비행 등 국토교통부령으로 정하는 경우로서 국토교통부장관의 허가를 받은 경우를 제외하고는 동력비행장치 등 국토교통부령으로 정하는 초경량비행장치를 사용하여 비행하려는 사람은 국토교통부령으로 정하는 기관 또는 단체의 장으로부터 그가 정한 안정성인증의 유효기간 및 절차·방법 등에 따라 그 초경량비행장치가 국토교통부장관이 정하여 고시하는 비행안전을 위한 기술상의 기준에 적합하다는 안전성인증을 받지 아니하고 비행하여서는 아니 된다.

② ①의 경우 안전성인증의 유효기간 및 절차·방법 등에 대해서는 국토교통부장관의 승인을 받아야 하며, 변경할 때에도 또한 같다(사업자는 1년, 개인은 2년마다 정기검사를 받아야 함).

③ 검사구분

㉠ 초도검사 : 국내에서 설계·제작하거나 외국에서 국내로 도입한 초경량비행장치를 사용하여 비행하기 위하여 최초로 안전성인증을 받기 위하여 실시하는 검사

㉡ 정기검사 : 안전성인증의 유효기간 만료일이 도래되어 새로운 안전성인증을 받기 위하여 실시하는 검사

㉢ 수시검사 : 초경량비행장치의 비행안전에 영향을 미치는 대수리 또는 대개조 후 초경량비행장치 기술기준에 적합한지를 확인하기 위하여 실시하는 검사

㉣ 재검사 : 초도검사, 정기검사 또는 수시검사에서 기술기준에 부적합한 사항에 대하여 정비한 후 다시 실시하는 검사

④ 안전성인증검사 담당기관 : 항공안전기술원

(5) 초경량비행장치 안전성인증 대상(항공안전법 시행규칙 제305조)

안전성인증검사 대상은 항공안전법 시행규칙 제5조 및 제305조에 따라 다음의 초경량비행장치를 말한다.

① 동력비행장치(탑승자, 연료 및 비상용 장비의 중량을 제외한 자체중량 115kg 이하, 1인승)

② 행글라이더, 패러글라이더 및 낙하산류(항공레저스포츠사업에 사용되는 것만 해당한다. 행글라이더와 패러글라이더는 탑승자 및 비상용 장비의 중량을 제외한 자체중량 70kg 이하)

③ 기구류(사람이 탑승하는 것만 해당)

④ 다음 각 목의 어느 하나에 해당하는 무인비행장치

㉠ 무인비행기, 무인헬리콥터 또는 무인멀티콥터 중에서 최대이륙중량이 25kg을 초과하는 것(연료제외 자체중량 150kg 이하)

㉡ 무인비행선 중에서 연료의 중량을 제외한 자체중량이 12kg을 초과하거나 길이가 7m를 초과하는 것(연료 제외 자체중량 180kg 이하, 길이 20m 이하)

⑤ 회전익비행장치(탑승자, 연료 및 비상용 장비의 중량을 제외한 자체중량 115kg 이하, 1인승)

⑥ 동력패러글라이더(착륙장치가 있는 경우 탑승자, 연료 및 비상용 장비의 중량을 제외한 자체중량 115kg 이하, 1인승)
⑦ 신규, 변경/이전, 말소 모두 원스탑 홈페이지 해당양식에 체크 후 기입한다.

3. 변 경

(1) 변경신고 준비서류

① 초경량비행장치를 소유하거나 사용할 수 있는 권리가 있음을 증명하는 서류
② 초경량비행장치의 제원 및 성능표
③ 초경량비행장치의 사진(가로 15cm×세로 10cm의 측면사진)
④ 이전・변경 시에는 각 호의 서류 중 해당 서류만 제출하며, 말소 시에는 제외한다.
⑤ 처리기간 : 7일
⑥ 수수료 : 없음

(2) 초경량비행장치 변경신고(항공안전법 제123조, 항공안전법 시행규칙 제302조)

① 초경량비행장치소유자등은 신고한 초경량비행장의 용도, 소유자의 성명 등 국토교통부령으로 정하는 사항을 변경하려는 경우에는 국토교통부령으로 정하는 바에 따라 국토교통부장관에게 변경신고를 하여야 하며, 그 사유가 있는 날부터 30일 이내에 초경량비행장치 변경・이전신고서를 지방항공청장에게 제출하여야 한다.

◆참고◆ 초경량비행장치의 용도, 소유자의 성명 등 국토교통부령으로 정하는 사항
- 초경량비행장치의 용도
- 초경량비행장치 소유자 등의 성명, 명칭 또는 주소
- 초경량비행장치의 보관 장소

② 초경량비행장치소유자등은 신고한 초경량비행장치가 멸실되었거나 그 초경량비행장치를 해체(정비 등, 수송 또는 보관하기 위한 해체는 제외)한 경우에는 그 사유가 발생한 날부터 15일 이내에 국토교통부장관에게 말소신고를 하여야 한다.

③ 초경량비행장치소유자등이 ②에 따른 말소신고를 하지 아니하면 국토교통부장관은 30일 이상의 기간을 정하여 말소신고를 할 것을 해당 초경량비행장치소유자 등에게 최고하여야 한다.

④ ③에 따른 최고를 한 후에도 해당 초경량비행장치소유자등이 말소신고를 하지 아니하면 국토교통부장관은 직권으로 그 신고번호를 말소할 수 있으며, 신고번호가 말소된 때에는 그 사실을 해당 초경량비행장치소유자등 및 그 밖의 이해관계인에게 알려야 한다.

4. 말 소

(1) 초경량비행장치 말소신고(항공안전법 시행규칙 제303조)

① 말소신고를 하려는 초경량비행장치 소유자등은 그 사유가 발생한 날부터 15일 이내에 초경량비행장치 말소신고서를 지방항공청장에게 제출하여야 한다.

② 지방항공청장은 ①에 따른 신고가 신고서 및 첨부서류에 흠이 없고 형식상 요건을 충족하는 경우 지체 없이 접수하여야 한다.

③ 지방항공청장은 최고(催告)를 하는 경우 해당 초경량비행장치의 소유자등의 주소 또는 거소를 알 수 없는 경우에는 말소신고를 할 것을 관보에 고시하고, 국토교통부홈페이지에 공고하여야 한다.

초경량무인비행장치 조종자 구분

자격종류	조종기체	기체종류	기체구분	등 록	검 사	보 험	조종교육
			고정익 기준				
초경량무인비행장치 조종자	초경량 무인비행장치	• 무인헬리콥터 • 무인멀티콥터 • 무인비행기 • 무인비행선	• 좌석 1개 • 자체 중량 115kg 이하 • 프로펠러 추진 • 고정된 착륙장치 장착	지방항공청	항공안전기술원	사용사업에 사용할 때	공단에 등록한 지도조종자

※ 경량 / 초경량비행장치 안전성 인증검사는 17.11.3일부터 항공안전기술원에서 업무(032-743-5500)를 담당합니다.

비행관리기록부 기재요령

비행기록	일 자	비행일자를 기재합니다.
	비행장소	비행한 장소의 지역명, 장소를 기재합니다.
	이륙시각(아워미터)	비행시간 중 이륙시각을 기재합니다(아워미터 장착 시 배터리 결합 후 아워미터 시각을 기재합니다).
	착륙시각(아워미터)	비행시간 중 착륙시각을 기재합니다(아워미터 장착 시 배터리 분리 후 아워미터 시각을 기재합니다).
	비행시간	비행시간을 기재합니다(6분 = 0.1시간으로 기재).
	임무별 비행시간	해당 임무별 비행시간을 기재합니다.
	비행목적	비행목적을 세부적으로 기재합니다.
	교육생	교육생 성명과 서명을 기재합니다.
	지도조종자	지도조종자의 성명, 자격번호, 서명을 기재합니다.

주의사항

1. 본 관리기록부는 기체별 비행관리기록부로서 기체의 총 비행시간을 판단할 수 있습니다.
2. 본 관리기록부에 해당 기재내용을 작성 후 개인비행기록부와 기체정비기록부 작성 시 참고하시면 됩니다.
3. 본 관리기록부는 한국교통안전공단 및 기타 기관에서 요구 시 제출할 수 있습니다.
4. 본 관리기록부는 항공교육훈련포털에 명시된 비행로그북 작성 주의사항을 준수합니다.

year. 2019

비 행 기 록 사 항

일 자	비행장소	이륙시각 (아워미터)	착륙시각 (아워미터)	비행 시간	임무별 비행시간				비행목적 (훈련내용)	교육생		지도조종자		
					기 장	훈 련	교 관	소 계		성 명	서 명	성 명	자격번호	서 명
5.09	파주 광탄	08:00	08:24	0.4		0.4		0.4	수준유지	홍길동	홍길동	나시대	91-000000	나시대
5.09	파주 광탄	09:00	09:18	0.3	0.3			0.3	수준유지	홍길동	홍길동	나시대	91-000000	나시대
누적 비행시간				0.7	0.3	0.4		0.7	총 누적 비행시간					

year. __________

비 행 기 록 사 항														
일 자	비행장소	이륙시각 (아워미터)	착륙시각 (아워미터)	비행 시간	임무별 비행시간				비행목적 (훈련내용)	교육생		지도조종자		
					기 장	훈 련	교 관	소 계		성 명	서 명	성 명	자격번호	서 명
누적 비행시간									총 누적 비행시간					

year. ________

비 행 기 록 사 항

일 자	비행장소	이륙시각 (아워미터)	착륙시각 (아워미터)	비행 시간	임무별 비행시간				비행목적 (훈련내용)	교육생		지도조종자		
					기 장	훈 련	교 관	소 계		성 명	서 명	성 명	자격번호	서 명
누적 비행시간									총 누적 비행시간					

year. ____________

비 행 기 록 사 항

일 자	비행장소	이륙시각 (아워미터)	착륙시각 (아워미터)	비행 시간	임무별 비행시간				비행목적 (훈련내용)	교육생		지도조종자		
					기 장	훈 련	교 관	소 계		성 명	서 명	성 명	자격번호	서 명
누적 비행시간									총 누적 비행시간					

year. ___________

비 행 기 록 사 항

일 자	비행장소	이륙시각 (아워미터)	착륙시각 (아워미터)	비행 시간	임무별 비행시간				비행목적 (훈련내용)	교육생		지도조종자		
					기 장	훈 련	교 관	소 계		성 명	서 명	성 명	자격번호	서 명

누적 비행시간					총 누적 비행시간	

year. __________

비 행 기 록 사 항														
일 자	비행장소	이륙시각 (아워미터)	착륙시각 (아워미터)	비행 시간	임무별 비행시간				비행목적 (훈련내용)	교육생		지도조종자		
					기 장	훈 련	교 관	소 계		성 명	서 명	성 명	자격번호	서 명
누적 비행시간									총 누적 비행시간					

year. ___________

비 행 기 록 사 항														
일 자	비행장소	이륙시각 (아워미터)	착륙시각 (아워미터)	비행 시간	임무별 비행시간				비행목적 (훈련내용)	교육생		지도조종자		
					기 장	훈 련	교 관	소 계		성 명	서 명	성 명	자격번호	서 명
누적 비행시간									총 누적 비행시간					

year. ________

비 행 기 록 사 항

일 자	비행장소	이륙시각 (아워미터)	착륙시각 (아워미터)	비행 시간	임무별 비행시간				비행목적 (훈련내용)	교육생		지도조종자		
					기 장	훈 련	교 관	소 계		성 명	서 명	성 명	자격번호	서 명
누적 비행시간									총 누적 비행시간					

year. ________

비 행 기 록 사 항

일 자	비행장소	이륙시각 (아워미터)	착륙시각 (아워미터)	비행 시간	임무별 비행시간				비행목적 (훈련내용)	교육생		지도조종자		
					기 장	훈 련	교 관	소 계		성 명	서 명	성 명	자격번호	서 명

누적 비행시간						총 누적 비행시간	

year. ________

비 행 기 록 사 항															
일 자	비행장소	이륙시각 (아워미터)	착륙시각 (아워미터)	비행 시간	임무별 비행시간				비행목적 (훈련내용)	교육생		지도조종자		
					기 장	훈 련	교 관	소 계		성 명	서 명	성 명	자격번호	서 명
누적 비행시간									총 누적 비행시간					

year. ________

비 행 기 록 사 항

일 자	비행장소	이륙시각 (아워미터)	착륙시각 (아워미터)	비행 시간	임무별 비행시간				비행목적 (훈련내용)	교육생		지도조종자		
					기 장	훈 련	교 관	소 계		성 명	서 명	성 명	자격번호	서 명
누적 비행시간									총 누적 비행시간					

year. ________

비 행 기 록 사 항

일 자	비행장소	이륙시각 (아워미터)	착륙시각 (아워미터)	비행 시간	임무별 비행시간				비행목적 (훈련내용)	교육생		지도조종자		
					기 장	훈 련	교 관	소 계		성 명	서 명	성 명	자격번호	서 명
누적 비행시간									총 누적 비행시간					

year. __________

비 행 기 록 사 항

일 자	비행장소	이륙시각 (아워미터)	착륙시각 (아워미터)	비행 시간	임무별 비행시간				비행목적 (훈련내용)	교육생		지도조종자		
					기 장	훈 련	교 관	소 계		성 명	서 명	성 명	자격번호	서 명
누적 비행시간									총 누적 비행시간					

year. ________

비 행 기 록 사 항														
일 자	비행장소	이륙시각 (아워미터)	착륙시각 (아워미터)	비행 시간	임무별 비행시간				비행목적 (훈련내용)	교육생		지도조종자		
					기 장	훈 련	교 관	소 계		성 명	서 명	성 명	자격번호	서 명
누적 비행시간									총 누적 비행시간					

year. ________

비 행 기 록 사 항														
일 자	비행장소	이륙시각 (아워미터)	착륙시각 (아워미터)	비행 시간	임무별 비행시간				비행목적 (훈련내용)	교육생		지도조종자		
					기 장	훈 련	교 관	소 계		성 명	서 명	성 명	자격번호	서 명

누적 비행시간									총 누적 비행시간					

year. __________

비 행 기 록 사 항

일 자	비행장소	이륙시각 (아워미터)	착륙시각 (아워미터)	비행 시간	임무별 비행시간				비행목적 (훈련내용)	교육생		지도조종자		
					기 장	훈 련	교 관	소 계		성 명	서 명	성 명	자격번호	서 명
누적 비행시간									총 누적 비행시간					

year. __________

비 행 기 록 사 항

일 자	비행장소	이륙시각 (아워미터)	착륙시각 (아워미터)	비행 시간	임무별 비행시간				비행목적 (훈련내용)	교육생		지도조종자		
					기 장	훈 련	교 관	소 계		성 명	서 명	성 명	자격번호	서 명
누적 비행시간									총 누적 비행시간					

year. ________

비 행 기 록 사 항														
일 자	비행장소	이륙시각 (아워미터)	착륙시각 (아워미터)	비행 시간	임무별 비행시간				비행목적 (훈련내용)	교육생		지도조종자		
					기 장	훈 련	교 관	소 계		성 명	서 명	성 명	자격번호	서 명
누적 비행시간									총 누적 비행시간					

year. ________

비 행 기 록 사 항														
일 자	비행장소	이륙시각 (아워미터)	착륙시각 (아워미터)	비행 시간	임무별 비행시간				비행목적 (훈련내용)	교육생		지도조종자		
					기 장	훈 련	교 관	소 계		성 명	서 명	성 명	자격번호	서 명
누적 비행시간									총 누적 비행시간					

year. __________

비 행 기 록 사 항

일 자	비행장소	이륙시각 (아워미터)	착륙시각 (아워미터)	비행 시간	임무별 비행시간				비행목적 (훈련내용)	교육생		지도조종자		
					기 장	훈 련	교 관	소 계		성 명	서 명	성 명	자격번호	서 명
누적 비행시간									총 누적 비행시간					

year. __________

비 행 기 록 사 항

일 자	비행장소	이륙시각 (아워미터)	착륙시각 (아워미터)	비행 시간	임무별 비행시간				비행목적 (훈련내용)	교육생		지도조종자		
					기 장	훈 련	교 관	소 계		성 명	서 명	성 명	자격번호	서 명
누적 비행시간									총 누적 비행시간					

year. ＿＿＿＿＿

비 행 기 록 사 항														
일 자	비행장소	이륙시각 (아워미터)	착륙시각 (아워미터)	비행 시간	임무별 비행시간				비행목적 (훈련내용)	교육생		지도조종자		
					기 장	훈 련	교 관	소 계		성 명	서 명	성 명	자격번호	서 명
누적 비행시간									총 누적 비행시간					

year. ____________

비 행 기 록 사 항														
일 자	비행장소	이륙시각 (아워미터)	착륙시각 (아워미터)	비행 시간	임무별 비행시간				비행목적 (훈련내용)	교육생		지도조종자		
					기 장	훈 련	교 관	소 계		성 명	서 명	성 명	자격번호	서 명
누적 비행시간									총 누적 비행시간					

year. ___________

비 행 기 록 사 항															
일 자	비행장소	이륙시각 (아워미터)	착륙시각 (아워미터)	비행 시간	임무별 비행시간				비행목적 (훈련내용)	교육생		지도조종자		
					기 장	훈 련	교 관	소 계		성 명	서 명	성 명	자격번호	서 명
누적 비행시간									총 누적 비행시간					

year. __________

비 행 기 록 사 항

일 자	비행장소	이륙시각 (아워미터)	착륙시각 (아워미터)	비행 시간	임무별 비행시간				비행목적 (훈련내용)	교육생		지도조종자		
					기 장	훈 련	교 관	소 계		성 명	서 명	성 명	자격번호	서 명

누적 비행시간									총 누적 비행시간					

year. ______

비 행 기 록 사 항

일 자	비행장소	이륙시각 (아워미터)	착륙시각 (아워미터)	비행 시간	임무별 비행시간				비행목적 (훈련내용)	교육생		지도조종자		
					기 장	훈 련	교 관	소 계		성 명	서 명	성 명	자격번호	서 명
누적 비행시간									총 누적 비행시간					

year. __________

비 행 기 록 사 항														
일 자	비행장소	이륙시각 (아워미터)	착륙시각 (아워미터)	비행 시간	임무별 비행시간				비행목적 (훈련내용)	교육생		지도조종자		
					기 장	훈 련	교 관	소 계		성 명	서 명	성 명	자격번호	서 명
누적 비행시간									총 누적 비행시간					

year. ________

비 행 기 록 사 항														
일 자	비행장소	이륙시각 (아워미터)	착륙시각 (아워미터)	비행 시간	임무별 비행시간				비행목적 (훈련내용)	교육생		지도조종자		
					기 장	훈 련	교 관	소 계		성 명	서 명	성 명	자격번호	서 명
누적 비행시간									총 누적 비행시간					

year. ________

비 행 기 록 사 항

일 자	비행장소	이륙시각 (아워미터)	착륙시각 (아워미터)	비행 시간	임무별 비행시간				비행목적 (훈련내용)	교육생		지도조종자		
					기 장	훈 련	교 관	소 계		성 명	서 명	성 명	자격번호	서 명
누적 비행시간									총 누적 비행시간					

year. __________

비 행 기 록 사 항

일 자	비행장소	이륙시각 (아워미터)	착륙시각 (아워미터)	비행 시간	임무별 비행시간				비행목적 (훈련내용)	교육생		지도조종자		
					기 장	훈 련	교 관	소 계		성 명	서 명	성 명	자격번호	서 명
누적 비행시간									총 누적 비행시간					

year. ________

비 행 기 록 사 항														
일 자	비행장소	이륙시각 (아워미터)	착륙시각 (아워미터)	비행 시간	임무별 비행시간				비행목적 (훈련내용)	교육생		지도조종자		
					기 장	훈 련	교 관	소 계		성 명	서 명	성 명	자격번호	서 명
누적 비행시간									총 누적 비행시간					

year. ________

비 행 기 록 사 항														
일 자	비행장소	이륙시각 (아워미터)	착륙시각 (아워미터)	비행 시간	임무별 비행시간				비행목적 (훈련내용)	교육생		지도조종자		
					기 장	훈 련	교 관	소 계		성 명	서 명	성 명	자격번호	서 명
누적 비행시간									총 누적 비행시간					

year. ________

비 행 기 록 사 항

일 자	비행장소	이륙시각 (아워미터)	착륙시각 (아워미터)	비행 시간	임무별 비행시간				비행목적 (훈련내용)	교육생		지도조종자		
					기 장	훈 련	교 관	소 계		성 명	서 명	성 명	자격번호	서 명
누적 비행시간									총 누적 비행시간					

year. ________

비 행 기 록 사 항

일 자	비행장소	이륙시각 (아워미터)	착륙시각 (아워미터)	비행 시간	임무별 비행시간				비행목적 (훈련내용)	교육생		지도조종자		
					기 장	훈 련	교 관	소 계		성 명	서 명	성 명	자격번호	서 명
누적 비행시간									총 누적 비행시간					

year. ________

비 행 기 록 사 항														
일 자	비행장소	이륙시각 (아워미터)	착륙시각 (아워미터)	비행 시간	임무별 비행시간				비행목적 (훈련내용)	교육생		지도조종자		
					기 장	훈 련	교 관	소 계		성 명	서 명	성 명	자격번호	서 명
누적 비행시간									총 누적 비행시간					

year. __________

비 행 기 록 사 항															
일 자	비행장소	이륙시각 (아워미터)	착륙시각 (아워미터)	비행 시간	임무별 비행시간				비행목적 (훈련내용)	교육생		지도조종자			
					기 장	훈 련	교 관	소 계		성 명	서 명	성 명	자격번호	서 명	
누적 비행시간									총 누적 비행시간						

year. __________

비 행 기 록 사 항

일 자	비행장소	이륙시각 (아워미터)	착륙시각 (아워미터)	비행 시간	임무별 비행시간				비행목적 (훈련내용)	교육생		지도조종자		
					기 장	훈 련	교 관	소 계		성 명	서 명	성 명	자격번호	서 명
누적 비행시간									총 누적 비행시간					

year. ____________

비 행 기 록 사 항

일 자	비행장소	이륙시각 (아워미터)	착륙시각 (아워미터)	비행 시간	임무별 비행시간				비행목적 (훈련내용)	교육생		지도조종자		
					기 장	훈 련	교 관	소 계		성 명	서 명	성 명	자격번호	서 명
누적 비행시간									총 누적 비행시간					

year. ________

비 행 기 록 사 항															
일 자	비행장소	이륙시각 (아워미터)	착륙시각 (아워미터)	비행 시간	임무별 비행시간				비행목적 (훈련내용)	교육생		지도조종자		
					기 장	훈 련	교 관	소 계		성 명	서 명	성 명	자격번호	서 명

누적 비행시간						총 누적 비행시간	

year. ________

비행기록사항														
일 자	비행장소	이륙시각 (아워미터)	착륙시각 (아워미터)	비행 시간	임무별 비행시간				비행목적 (훈련내용)	교육생		지도조종자		
					기 장	훈 련	교 관	소 계		성 명	서 명	성 명	자격번호	서 명

누적 비행시간						총 누적 비행시간	

year. __________

비 행 기 록 사 항

일 자	비행장소	이륙시각 (아워미터)	착륙시각 (아워미터)	비행 시간	임무별 비행시간				비행목적 (훈련내용)	교육생		지도조종자		
					기 장	훈 련	교 관	소 계		성 명	서 명	성 명	자격번호	서 명
누적 비행시간									총 누적 비행시간					

year. __________

비 행 기 록 사 항

일 자	비행장소	이륙시각 (아워미터)	착륙시각 (아워미터)	비행 시간	임무별 비행시간				비행목적 (훈련내용)	교육생		지도조종자		
					기 장	훈 련	교 관	소 계		성 명	서 명	성 명	자격번호	서 명
누적 비행시간									총 누적 비행시간					

year. __________

비 행 기 록 사 항

일 자	비행장소	이륙시각 (아워미터)	착륙시각 (아워미터)	비행 시간	임무별 비행시간				비행목적 (훈련내용)	교육생		지도조종자		
					기 장	훈 련	교 관	소 계		성 명	서 명	성 명	자격번호	서 명
누적 비행시간									총 누적 비행시간					

year. ___________

비 행 기 록 사 항

일 자	비행장소	이륙시각 (아워미터)	착륙시각 (아워미터)	비행 시간	임무별 비행시간				비행목적 (훈련내용)	교육생		지도조종자		
					기 장	훈 련	교 관	소 계		성 명	서 명	성 명	자격번호	서 명
누적 비행시간									총 누적 비행시간					

year. ________

비 행 기 록 사 항

일 자	비행장소	이륙시각 (아워미터)	착륙시각 (아워미터)	비행 시간	임무별 비행시간				비행목적 (훈련내용)	교육생		지도조종자		
					기 장	훈 련	교 관	소 계		성 명	서 명	성 명	자격번호	서 명
누적 비행시간									총 누적 비행시간					

year. __________

비 행 기 록 사 항

일 자	비행장소	이륙시각 (아워미터)	착륙시각 (아워미터)	비행 시간	임무별 비행시간				비행목적 (훈련내용)	교육생		지도조종자		
					기 장	훈 련	교 관	소 계		성 명	서 명	성 명	자격번호	서 명
누적 비행시간									총 누적 비행시간					

year. __________

비 행 기 록 사 항

일 자	비행장소	이륙시각 (아워미터)	착륙시각 (아워미터)	비행 시간	임무별 비행시간				비행목적 (훈련내용)	교육생		지도조종자		
					기 장	훈 련	교 관	소 계		성 명	서 명	성 명	자격번호	서 명

누적 비행시간									총 누적 비행시간					

year. __________

비 행 기 록 사 항														
일 자	비행장소	이륙시각 (아워미터)	착륙시각 (아워미터)	비행 시간	임무별 비행시간				비행목적 (훈련내용)	교육생		지도조종자		
					기 장	훈 련	교 관	소 계		성 명	서 명	성 명	자격번호	서 명

누적 비행시간									총 누적 비행시간					

year. __________

비 행 기 록 사 항

일 자	비행장소	이륙시각 (아워미터)	착륙시각 (아워미터)	비행 시간	임무별 비행시간				비행목적 (훈련내용)	교육생		지도조종자		
					기 장	훈 련	교 관	소 계		성 명	서 명	성 명	자격번호	서 명
누적 비행시간									총 누적 비행시간					

year. __________

비 행 기 록 사 항

일 자	비행장소	이륙시각 (아워미터)	착륙시각 (아워미터)	비행 시간	임무별 비행시간				비행목적 (훈련내용)	교육생		지도조종자		
					기 장	훈 련	교 관	소 계		성 명	서 명	성 명	자격번호	서 명
누적 비행시간									총 누적 비행시간					

year. ________

비 행 기 록 사 항

일 자	비행장소	이륙시각 (아워미터)	착륙시각 (아워미터)	비행 시간	임무별 비행시간				비행목적 (훈련내용)	교육생		지도조종자		
					기 장	훈 련	교 관	소 계		성 명	서 명	성 명	자격번호	서 명
누적 비행시간									총 누적 비행시간					

year. ________

비 행 기 록 사 항													
일 자	비행장소	이륙시각(아워미터)	착륙시각(아워미터)	비행시간	임무별 비행시간				비행목적(훈련내용)	교육생		지도조종자		
					기 장	훈 련	교 관	소 계		성 명	서 명	성 명	자격번호	서 명
누적 비행시간									총 누적 비행시간					

year. ________

비 행 기 록 사 항

일 자	비행장소	이륙시각 (아워미터)	착륙시각 (아워미터)	비행 시간	임무별 비행시간				비행목적 (훈련내용)	교육생		지도조종자		
					기 장	훈 련	교 관	소 계		성 명	서 명	성 명	자격번호	서 명
누적 비행시간									총 누적 비행시간					

year. __________

비 행 기 록 사 항														
일 자	비행장소	이륙시각 (아워미터)	착륙시각 (아워미터)	비행 시간	임무별 비행시간				비행목적 (훈련내용)	교육생		지도조종자		
					기 장	훈 련	교 관	소 계		성 명	서 명	성 명	자격번호	서 명
누적 비행시간									총 누적 비행시간					

year. ________

비 행 기 록 사 항

일 자	비행장소	이륙시각 (아워미터)	착륙시각 (아워미터)	비행 시간	임무별 비행시간				비행목적 (훈련내용)	교육생		지도조종자		
					기 장	훈 련	교 관	소 계		성 명	서 명	성 명	자격번호	서 명
누적 비행시간									총 누적 비행시간					

year. __________

비 행 기 록 사 항

일 자	비행장소	이륙시각 (아워미터)	착륙시각 (아워미터)	비행 시간	임무별 비행시간				비행목적 (훈련내용)	교육생		지도조종자		
					기 장	훈 련	교 관	소 계		성 명	서 명	성 명	자격번호	서 명
누적 비행시간									총 누적 비행시간					

year. __________

비 행 기 록 사 항														
일 자	비행장소	이륙시각 (아워미터)	착륙시각 (아워미터)	비행 시간	임무별 비행시간				비행목적 (훈련내용)	교육생		지도조종자		
					기 장	훈 련	교 관	소 계		성 명	서 명	성 명	자격번호	서 명
누적 비행시간									총 누적 비행시간					

year. ________

비 행 기 록 사 항														
일 자	비행장소	이륙시각 (아워미터)	착륙시각 (아워미터)	비행 시간	임무별 비행시간				비행목적 (훈련내용)	교육생		지도조종자		
					기 장	훈 련	교 관	소 계		성 명	서 명	성 명	자격번호	서 명
누적 비행시간									총 누적 비행시간					

year. __________

비 행 기 록 사 항

일 자	비행장소	이륙시각 (아워미터)	착륙시각 (아워미터)	비행 시간	임무별 비행시간				비행목적 (훈련내용)	교육생		지도조종자		
					기 장	훈 련	교 관	소 계		성 명	서 명	성 명	자격번호	서 명
누적 비행시간									총 누적 비행시간					

year. ________

비 행 기 록 사 항

일 자	비행장소	이륙시각 (아워미터)	착륙시각 (아워미터)	비행 시간	임무별 비행시간				비행목적 (훈련내용)	교육생		지도조종자		
					기 장	훈 련	교 관	소 계		성 명	서 명	성 명	자격번호	서 명
누적 비행시간									총 누적 비행시간					

year. __________

비 행 기 록 사 항															
일 자	비행장소	이륙시각 (아워미터)	착륙시각 (아워미터)	비행 시간	임무별 비행시간				비행목적 (훈련내용)	교육생		지도조종자		
					기 장	훈 련	교 관	소 계		성 명	서 명	성 명	자격번호	서 명

누적 비행시간									총 누적 비행시간					

year. ________

비 행 기 록 사 항														
일 자	비행장소	이륙시각 (아워미터)	착륙시각 (아워미터)	비행 시간	임무별 비행시간				비행목적 (훈련내용)	교육생		지도조종자		
					기 장	훈 련	교 관	소 계		성 명	서 명	성 명	자격번호	서 명
누적 비행시간									총 누적 비행시간					

year. __________

비 행 기 록 사 항

일 자	비행장소	이륙시각 (아워미터)	착륙시각 (아워미터)	비행 시간	임무별 비행시간				비행목적 (훈련내용)	교육생		지도조종자		
					기 장	훈 련	교 관	소 계		성 명	서 명	성 명	자격번호	서 명

누적 비행시간						총 누적 비행시간	

year. __________

비 행 기 록 사 항

일 자	비행장소	이륙시각 (아워미터)	착륙시각 (아워미터)	비행 시간	임무별 비행시간				비행목적 (훈련내용)	교육생		지도조종자		
					기 장	훈 련	교 관	소 계		성 명	서 명	성 명	자격번호	서 명
누적 비행시간									총 누적 비행시간					

year. __________

비 행 기 록 사 항														
일 자	비행장소	이륙시각 (아워미터)	착륙시각 (아워미터)	비행 시간	임무별 비행시간				비행목적 (훈련내용)	교육생		지도조종자		
					기 장	훈 련	교 관	소 계		성 명	서 명	성 명	자격번호	서 명

누적 비행시간									총 누적 비행시간					

항공촬영 승인업무 책임부대 연락처

※ 군 보안관계상 부대명은 기입하지 않습니다.

구 분	연락처
서울특별시	02-524-3354,9
강원도(화천군, 춘천시)	033-249-6066
강원도(인제군, 양구군)	033-461-5102 교환 → 2212
강원도(고성군, 속초시, 양양군 양양읍, 양양군 강현면)	033-670-6221
강원도(양양군 손양면 / 서면 / 현북면 / 현남면, 강릉시, 동해시, 삼척시)	033-571-6214
강원도(원주시, 횡성군, 평창군, 홍천군, 영월군, 정선군, 태백시)	033-741-6204
광주광역시, 전라남도	062-260-6204
대전광역시, 충청남도, 세종특별자치시	042-829-6204
전라북도	063-640-9205
충청북도	043-835-6205
경상남도(창원시 진해구, 양산시 제외)	055-259-6204
대구광역시, 경상북도(울릉도, 독도, 경주시 양북면 제외)	053-320-6204~5
부산광역시(부산 강서구 성북동, 다덕도동 제외), 울산광역시, 양산시	051-704-1686
파주시, 고양시	031-964-9680 교환 → 2213
포천시(내촌면), 가평군(가평읍, 북면), 남양주시(진접읍, 오남읍, 수동면) 철원군(갈말읍 지포리 · 강포리 · 문혜리 · 내대리 · 동막리, 동송읍 이평리를 제외한 전지역)	031-531-0555 교환 → 2215
포천시(소흘읍, 군내면, 가산면, 창수면, 포천동, 선단동) 남양주시(진건읍, 화도읍, 별내면, 퇴계원면, 조안면, 양정동, 지금동, 남양주시 호평동 / 평내동 / 금곡동 / 도농동 / 별내동 / 와부읍) 연천군, 구리시, 동두천시	031-530-2214

구 분	연락처
양평군(강상면, 강하면 제외한 전지역) 포천시(신북면, 영중면, 일동면, 이동면, 영북면, 관인면, 화현면) 철원군(갈말읍 지포리 · 강포리 · 문혜리 · 내대리 · 동막리, 동송읍 이평리) 가평군(조종면, 상면, 설악면, 청평면) 여주시(북내면, 강천면, 대신면, 오학동) 의정부시, 양주시	031-640-2215
김포시(양촌면, 대곶면), 부천시 인천광역시(옹진군 영흥면, 덕적면, 자월면, 연평면, 중구 중산동 매도, 중구 무의동 서구 원창동 세어도 제외)	032-510-9212
안양시, 화성시, 수원시, 평택시, 광명시, 시흥시, 안산시, 오산시, 군포시, 의왕시, 과천시, 인천광역시(옹진군 영흥면)	031-290-9209
용인시, 이천시, 하남시, 광주시, 성남시, 안성시, 양평군(강상면, 강하면), 여주시(가남읍, 점동면, 능서면, 산북면, 금사면, 흥천면, 여흥동, 중앙동)	031-329-6220
포항시, 경주시(양북면)	054-290-3222
김포시(양촌면, 대곶면 제외 전지역), 강화도	032-454-3222
제주특별자치도	064-905-3212
경남 창원시 진해구, 부산광역시(강서구 성북동, 가덕도동)	055-549-4172~3
울릉도, 독도	033-539-4221
인천광역시(옹진군 자월면, 중구 중산동 매도 · 운염도, 서구 원창동 세어도, 중구 무의동) 안산시(단원구 풍도동)	032-452-4213
인천광역시 옹진군(덕적면)	031-685-4221
인천광역시 옹진군(백령면, 대청면)	032-837-3221
인천광역시 옹진군(연평면)	032-830-3203

비행공역현황

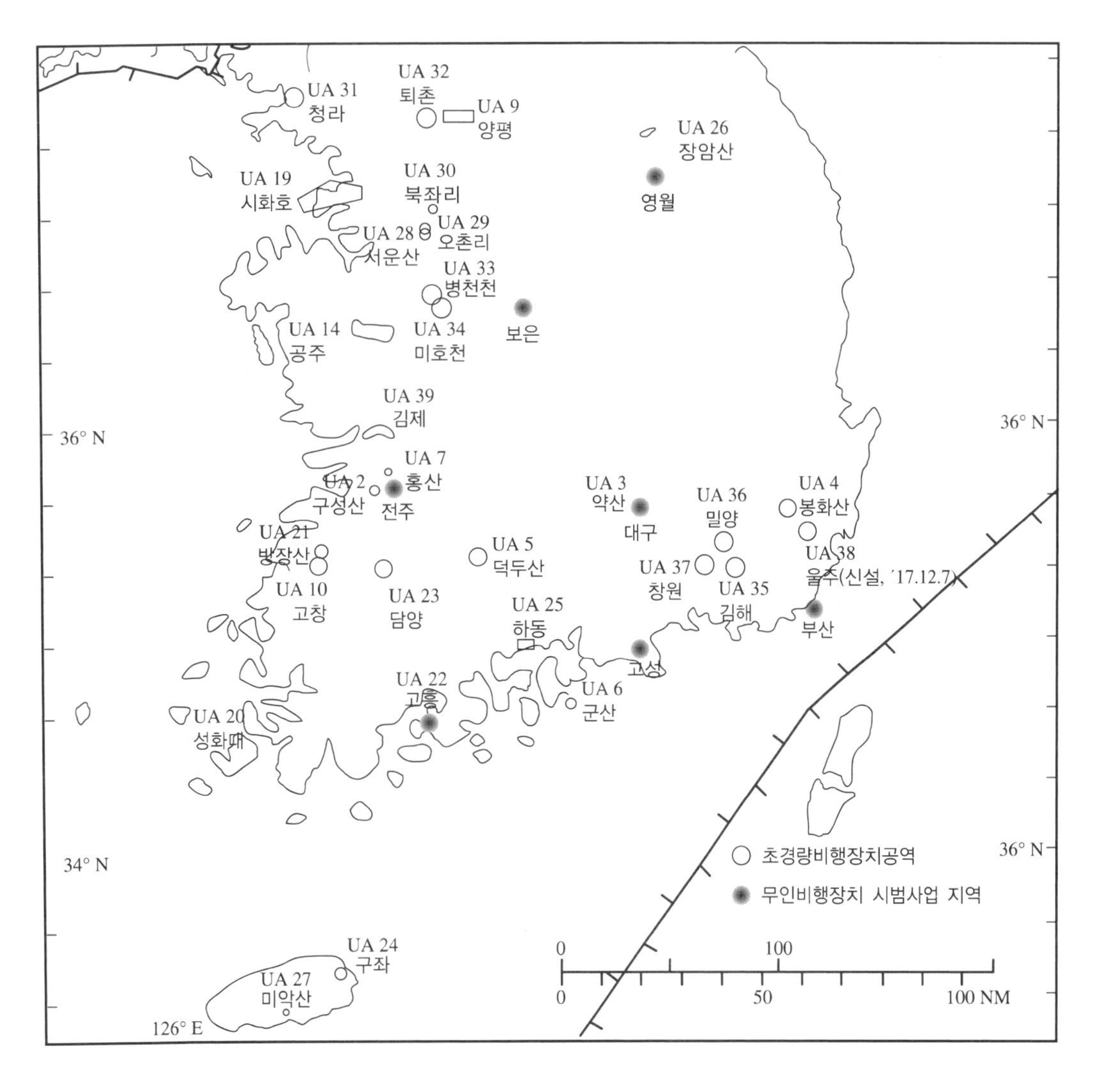
UA 31
청라
UA 32
퇴촌
UA 9
양평
UA 26
장암산
UA 19
시화호
UA 30
북좌리
영월
UA 28
서운산
UA 29
오촌리
UA 33
병천천
보은
UA 14
공주
UA 34
미호천
UA 39
김제
36° N
UA 7
홍산
UA 2
구성산
전주
UA 3
약산
대구
UA 36
밀양
UA 4
봉화산
UA 21
방장산
UA 5
덕두산
UA 37
창원
UA 38
울주(신설, '17.12.7)
UA 10
고창
UA 23
담양
UA 25
하동
UA 35
김해
부산
고성
UA 22
고흥
UA 6
군산
UA 20
성화때
34° N
초경량비행장치공역
무인비행장치 시범사업 지역
UA 24
구좌
UA 27
미악산
126° E
0
100
50
100 NM

초경량무인비행장치 비행관리기록부

개정1판1쇄 발행일 2019년 2월 1일
개정1판1쇄 인쇄일 2018년 12월 6일
초 판 인쇄일 2018년 4월 25일

발 행 인 박영일
책 임 편 집 이해욱
편 저 드론연구원

편 집 진 행 윤진영 · 박형규
표지디자인 박수영
편집디자인 심혜림 · 박진아

발 행 처 (주)시대고시기획
출 판 등 록 제10-1521호
주 소 서울시 마포구 큰우물로 75[도화동 538 성지 B/D] 9F
전 화 1600-3600
팩 스 (02)701-8823
홈 페 이 지 www.sidaegosi.com

I S B N 979-11-254-5445-8(13550)

가 격 8,000원